BEI GRIN MACHT SICH IHR WISSEN BEZAHLT

- Wir veröffentlichen Ihre Hausarbeit, Bachelor- und Masterarbeit

- Ihr eigenes eBook und Buch - weltweit in allen wichtigen Shops

- Verdienen Sie an jedem Verkauf

Jetzt bei www.GRIN.com hochladen und kostenlos publizieren

Die Nachfrage nach Agrarprodukten und Lebensmitteln. Ein Überblick über Theorie, Entwicklung und Bestimmungsfaktoren

Eine Präsentation mit Übungsaufgaben

Gerald Weber

Bibliografische Information der Deutschen Nationalbibliothek:

Die Deutsche Nationalbibliothek verzeichnet diese Publikation in der
Deutschen Nationalbibliografie; detaillierte bibliografische Daten sind
im Internet über http://dnb.d-nb.de abrufbar.

ISBN: 9783346443120
Dieses Buch ist auch als E-Book erhältlich.

Das Buch bei GRIN: https://www.grin.com/document/998507

Dr. Gerald Weber

Schulungsmaterialien zur Agrarökonomik
2004-2021

Die Nachfrage nach Agrarprodukten und Lebensmitteln

<u>1</u> Mikroökonomische Theoriegrundlagen
<u>2</u> Entwicklung der Nachfrage nach Agrargütern
<u>3</u> Bestimmungsfaktoren der Nahrungsmittelnachfrage
<u>4</u> Verlauf von Nachfragekurven
<u>5</u> Engel'sches Gesetz
6 Empirische Nachfrageanalyse
7 Übungsaufgaben
8 Literaturhinweise

Inhaltsfolie zu Kapitel 1:
mikroökonomische Theoriegrundlagen

- Nachfragetheorie - Grundannahme
- Grundlegende Aussagen aus der Nachfragetheorie
- Definition der Budgetgeraden
- Budgetgerade im Zwei- Güter-Fall
- Verschiebung der Budgetgeraden durch Einkommensänderung
- Drehung der Budgetgeraden durch Preisänderung
- Vollständigkeit der Konsumentenpräferenzen
- Transitivität der Konsumentenpräferenzen
- Reflexivität der Konsumentenpräferenzen
- Indifferenzkurve im Zwei-Güter-Fall
- Grenzrate der Substitution (GRS)
- Indifferenzkurven und Nutzenniveaus
- Maximierung der Konsumentenbefriedigung
- Auswirkungen von Preisänderungen auf die Nachfrage
- Verlauf der Preis-Nachfragekurve
- Kreuzpreisreaktionen der Nachfrage
- Auswirkungen von Einkommensänderungen auf die Nachfrage
- Verlauf der Einkommens-Nachfragekurve

Nachfragetheorie - Grundannahme

Die Konsumenten wählen aus einer

Vielzahl möglicher Güterbündel das

beste Güterbündel aus, das sie sich

(gerade noch) leisten können.

Grundlegende Aussagen aus der Nachfragetheorie

- Auf der Budgetgeraden liegen alle Güterbündel, die das für den Konsum verfügbare Einkommen vollständig ausschöpfen.
- Einkommenzuwächse (-rückgänge) verschieben die Budgetgerade vom (zum) Ursprung weg (hin).
- Veränderungen der Produktpreisrelationen verändern die Steigung der Budgetgeraden.
- Indifferenzkurven geben die Präferenzen der Konsumenten wieder.
- Die Grenzrate der Substitution (GRS) misst die Steigung der Indifferenzkurve. Sie beschreibt wie viel Einheiten von Gut 2 der Konsument bereit ist aufzugeben für eine zusätzliche Einheit von Gut 1.
- Das optimale Konsumgüterbündel ist dasjenige Güterbündel auf der Budgetgeraden, das auf der höchsten Indifferenzkurve liegt. An dieser Stelle entspricht die GRS der Steigung der Budgetgeraden.
- Bei einem „normalen Gut" führt ein Einkommenszuwachs (-rückgang) zu einem Nachfrageanstieg (-rückgang).
- Bei einem gewöhnlichen Gut geht (steigt) die Nachfrage zurück (an), wenn sich der Preis erhöht (verringert).

Definition der Budgetgeraden

Budgetrestriktion: $m \geq P_1X_1 + P_2X_2 + \ldots + P_nX_n$

Der Konsument kann nicht mehr Geld für den Konsum des Güterbündels $(X_1, X_2, \ldots, X_n)$ ausgeben, als ihm an Einkommen m zur Verfügung steht.

Budgetgerade: $m = P_1X_1 + P_2X_2 + \ldots + P_nX_n$

Das Güterbündel $(X_1, X_2, \ldots, X_n)$ schöpft das Einkommen m bei gegebenen Preisen $P_1, P_2, \ldots, P_n$ gerade aus.

X_i: Menge Gut i P_i: Preis Gut i   m: Einkommen

Budgetgerade im Zwei- Güter-Fall

$$m = P_1X_1 + P_2X_2 \Leftrightarrow X_2 = \frac{m}{P_2} - \frac{P_1}{P_2}X_1$$

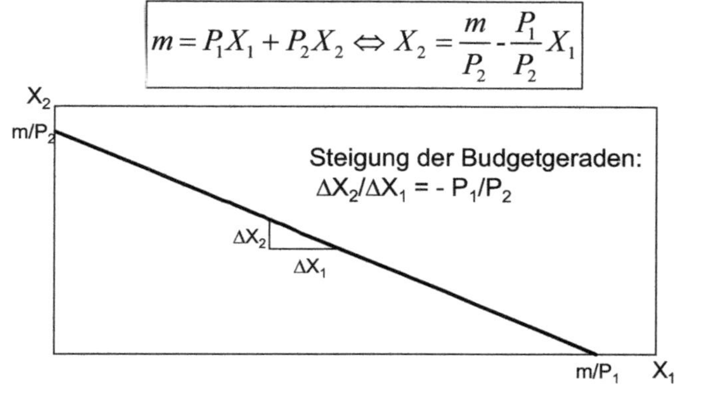

Alle Punkte auf und unterhalb der Budgetgeraden stellen Konsumpläne, (d.h. Verbrauchsmengen X_1 und X_2 der beiden Güter 1 und 2) dar, die mit dem verfügbaren Einkommen m des Haushaltes bei gegebenen Preisen P_1 und P_2 realisierbar sind.

Verschiebung der Budgetgeraden durch Einkommensänderung

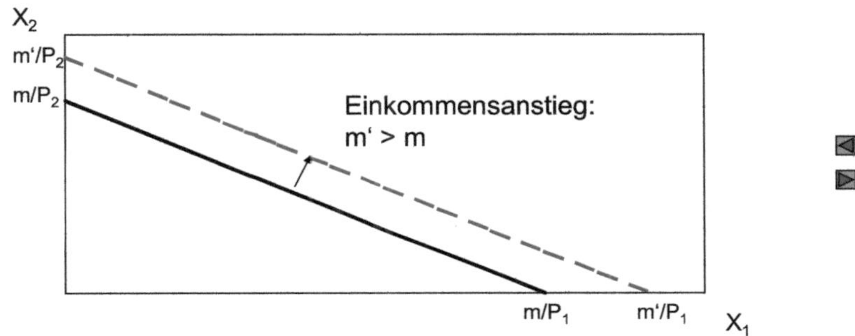

Bei einem Anstieg des Einkommens verschiebt sich die Budgetgerade nach „Nordost". In welche Richtung verschiebt sie sich bei einem Einkommensrückgang?

Drehung der Budgetgeraden durch Preisänderung

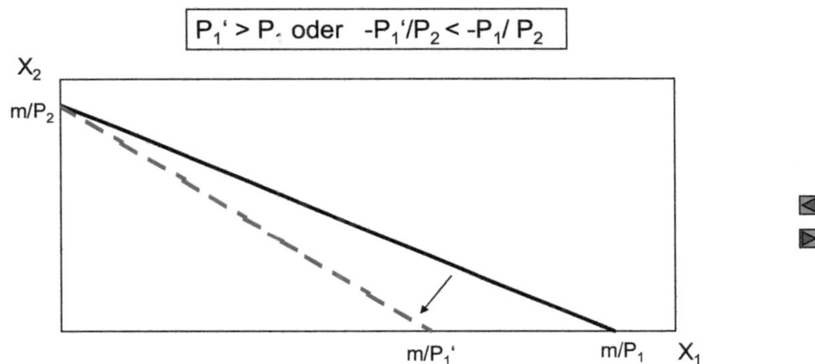

Bei einem Anstieg des Preises von Gut 1 dreht sich die Budgetgerade ausgehend vom vertikalen Achsenabschnitt nach „Südwest". Wie dreht sie sich bei einem Rückgang des Preises von Gut 2?

Vollständigkeit der Konsumentenpräferenzen
(1. Annahme der Theorie des Konsumentenverhaltens)

Konsumenten vergleichen unterschiedliche Güterbündel bzw. Warenkörbe $Y=(Y_1,Y_2, ...,Y_n)$ und $X=(X_1,X_2, ...,X_n)$ und bilden eine Rangfolge, die ihre Präferenzordnung ausdrückt:

<u>Indifferent</u> [Y~X]: Güterbündel mit gleich hohem Nutzen.

<u>Strikt präferiert</u> [Y≻X]: Y mit höherem Nutzen als X.

<u>Schwach präferiert</u> [Y≽X].: Y mit mindestens so hohem Nutzen wie X.

Transitivität der Konsumentenpräferenzen
(2. Annahme der Theorie des Konsumentenverhaltens)

Gewährleistung konsistenter Konsumentenpräferenzen:

Wenn

$Y=(Y_1,...,Y_n) \succ X=(X_1,...,X_n)$ und $X=(X_1,...,X_n) \succ Z=(Z_1,...,Z_n)$

dann

$Y=(Y_1,Y_2, ...,Y_n) \succ Z=(Z_1,Z_2, ...,Z_n)$.

Reflexivität der Konsumentenpräferenzen
(3. Annahme der Theorie des Konsumentenverhaltens)

Identische Güterbündel liefern identischen Nutzen:

Es sei: $Y \succeq Y$

Indifferenzkurve im Zwei-Güter-Fall

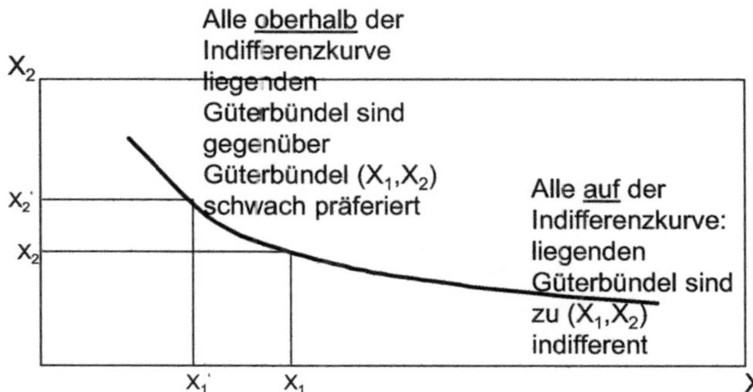

Alle Güterbündel, die auf ein und derselben Indifferenzkurve
liegen, sind indifferent, d.h. in der Bewertung durch den
Konsumenten „gleich gut".[$(X_1',X_2') \sim (X_1,X_2)$].

Grenzrate der Substitution (GRS)

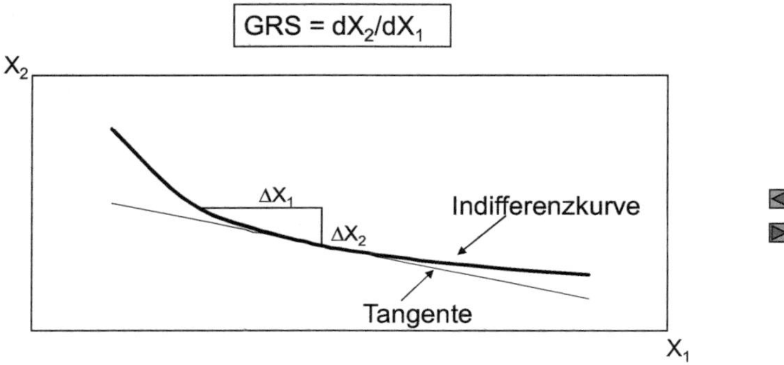

Die Grenzrate der Substitution ist die Rate, zu der der Konsument bei konstantem Nutzenniveau bereit ist, Gut 2 gegen Gut 1 zu tauschen. Sie entspricht der Steigung der an die Indifferenzkurve gelegten Tangente.

Indifferenzkurven und Nutzenniveaus

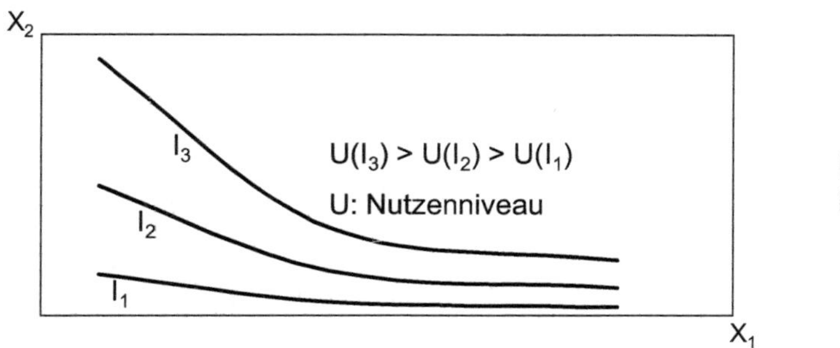

Eine weiter vom Ursprung entfernt liegende Indifferenzkurve repräsentiert ein höheres Nutzenniveau.

Maximierung der Konsumentenbefriedigung

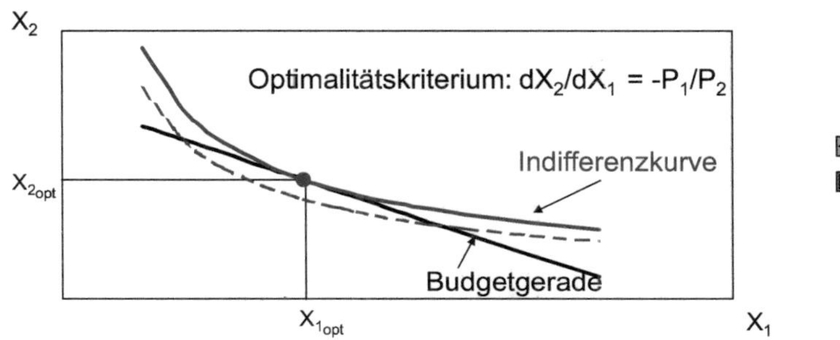

Bei gegebenem Einkommen wird das höchste Nutzenniveau erreicht,
wenn die GRS zwischen Gut 2 und Gut 1 dem negativen
Preisverhältnis von Gut 1 zu Gut 2 entspricht.

Auswirkungen von Preisänderungen

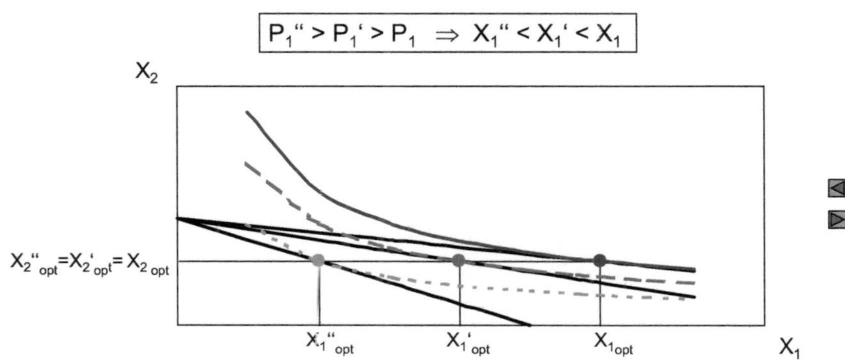

Der Preisanstieg von Gut 1 bewirkt einen Rückgang der Nachfrage nach
Gut 1 ($\Delta X_1/\Delta p_1 < 0$). Die Nachfrage nach Gut 2 verändert sich hier nicht
($\Delta X_2/\Delta p_1 = 0$). Das muss aber nicht so sein, wie wir später sehen werden.

Verlauf der Preis-Nachfragekurve

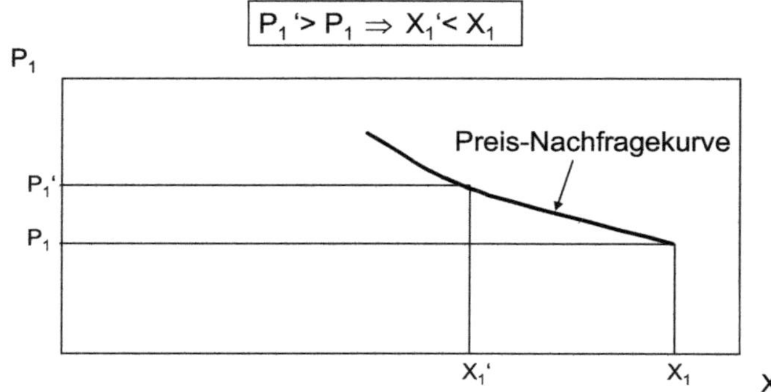

Die Preis-Nachfragefunktion hat gewöhnlich einen fallenden Verlauf.

Ein Gut, dessen Konsum bei steigendem (fallendem) Preis abnimmt (zunimmt), wird als „gewöhnliches Gut" bezeichnet.

Kreuzpreisreaktionen

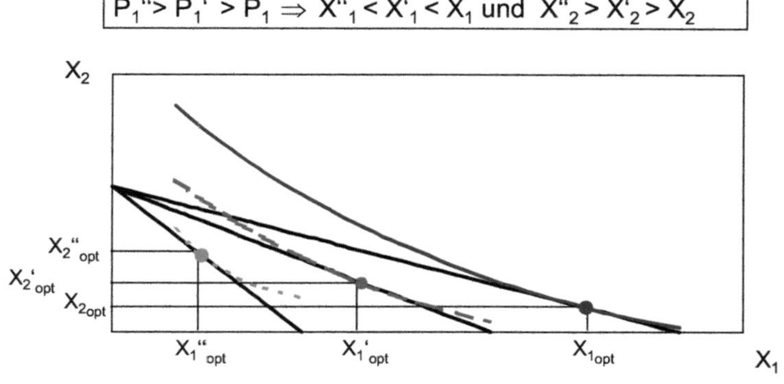

Die Nachfrage nach Gut 2 steigt durch den Preisanstieg von Gut 1 an ($\Delta X_2 / \Delta p_1 > 0$).

Auswirkungen von Einkommensänderungen

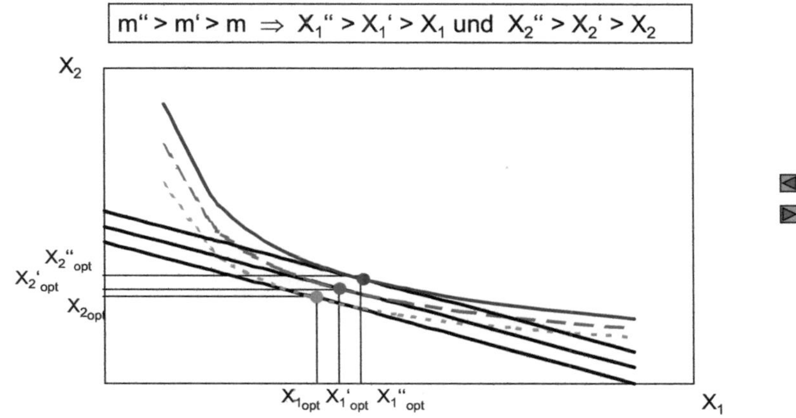

Der Einkommensanstieg bewirkt eine Zunahme der Nachfrage nach beiden Gütern.

Verlauf der Einkommens-Nachfragekurve

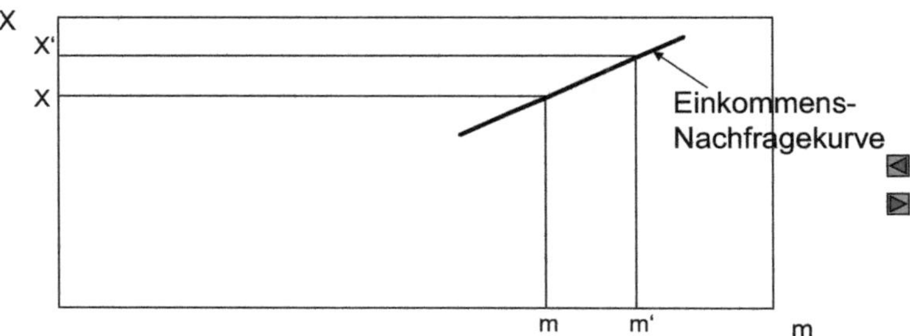

Die Einkommens-Nachfragefunktion hat im Normalfall einen steigenden Verlauf. Ein Gut, dessen Konsum bei ansteigendem (fallendem) Einkommen zunimmt (abnimmt), wird als „normales Gut" bezeichnet.

Die Einkommens-Nachfragekurve wird auch als *Engelkurve* bezeichnet.

Inhaltsfolie zu Kapitel 2:
Entwicklung der Nachfrage nach Agrargütern

- Bestandteile der Agrargüternachfrage nach Art der Verwendung
- Abnehmer für Agrargüter
- Nahrungsverbrauch - pflanzliche Erzeugnisse
- Nahrungsverbrauch - tierische Erzeugnisse
- Nahrungsverbrauch in der EU (Grafik)
- Nahrungsverbrauch in den Entwicklungsländern (Grafik)

Bestandteile der Agrargüternachfrage
nach Art der Verwendung

- **Als Vorleistung in der Landwirtschaft**
  - Direkt, z.B. Futtergetreide, Saatgut, Jungvieh, Ferkel
  - Nach Weiterverarbeitung, z.B. Futtergetreide → Kraftfutter
- **Als Nahrungsmittel**
  - Direkter menschlicher Verbrauch (z.B. Obst, Gemüse)
  - Nach Weiterverarbeitung
    z.B. in Molkereien: Rohmilch → Trinkmilch, Butter, Käse, …
    in Müllereien: Weizen → Mehl, Gries
- **Als Industrierohstoff und Energielieferant ("Nachwachsende Rohstoffe")**
  z.B. Zucker und Stärke → chemische Grundstoffe
    Raps, Zuckerrohr → Biokraftstoffe
    Mais → Biogas → Strom

Abnehmer für Agrargüter

- Unternehmen
  - Andere landwirtschaftliche Unternehmen
  - Privater und genossenschaftlicher Landhandel
  - Ernährungs- und Futtermittelindustrie (Kraftfutterhersteller, Molkereien, Schlachthöfe, Mühlen, ...)
  - Ernährungshandwerk (Bäckereien, Metzgereien)
  - Lebensmittelhandel
  - Gastronomie
- Direktabsatz an Privathaushalte
- Ausland (Exporte)

Nahrungsverbrauch - pflanzliche Erzeugnisse

| | Durchschnitt (kg/Kopf/Jahr) | | | | Jährl. Änd. (%) | | |
| | | | | | 1980-84 bis 1985-89 | 1985-89 bis 1990-94 | 1990-94 bis 1995-99 |
	1980-84	1985-89	1990-94	1995-99			
Getreide							
EU-15	137,3	140,3	138,8	143,9	0,4	-0,2	0,7
Industrieländer	149,4	162,9	172,9	179,9	1,8	1,2	0,8
Entwicklungsländer	165,6	171,7	171,5	171,7	0,7	0,0	0,0
Zucker							
EU-15	33,5	32,4	32,8	32,5	-0,6	0,3	-0,2
Industrieländer	32,0	29,8	29,9	30,0	-1,4	0,1	0,0
Entwicklungsländer	12,2	13,6	14,0	15,3	2,1	0,7	1,7
Gemüse							
EU-15	111,8	117,4	120,3	119,4	1,0	0,5	-0,2
Industrieländer	108,0	111,8	114,1	116,4	0,7	0,4	0,4
Entwicklungsländer	54,4	65,3	71,5	88,8	3,7	1,8	4,4
Obst							
EU-15	177,7	175,4	178,0	169,1	-0,3	0,3	-1,0
Industrieländer	134,1	135,2	133,9	131,3	0,2	-0,2	-0,4
Entwicklungsländer	40,4	43,1	45,9	53,3	1,3	1,3	3,0
pflanzliche Öle							
EU-15	15,4	17,3	18,8	19,8	2,4	1,7	1,0
Industrieländer	16,0	17,8	19,0	19,5	2,1	1,3	0,6
Entwicklungsländer	5,9	6,7	7,5	8,1	2,7	2,3	1,5

Quelle: Eigene Berechnung mit Daten aus FAO: FAOSTAT, Datenbankabfrage vom 18.3.2003, http://www.fao.org

Aktuellere Daten: siehe Übungsaufgabe 8

Nahrungsverbrauch - tierische Erzeugnisse

| | Durchschnitt (kg/Kopf/Jahr) | | | | Jährl. Änd. (%) | | |
| | | | | | 1980-84 bis 1985-89 | 1985-89 bis 1990-94 | 1990-94 bis 1995-99 |
	1980-84	1985-89	1990-94	1995-99			
Milch							
EU-15	234,1	241,9	236,7	242,6	0,7	-0,4	0,5
Industrieländer	205,5	212,7	210,8	212,4	0,7	-0,2	0,2
Entwicklungsländer	34,9	37,4	38,7	43,7	1,4	0,7	2,4
Fleisch							
EU-15	81,8	85,1	86,4	88,0	0,8	0,3	0,4
Industrieländer	80,9	84,3	86,8	89,2	0,8	0,6	0,6
Entwicklungsländer	14,8	17,0	20,4	25,0	2,9	3,7	4,1

Quelle: Eigene Berechnung mit Daten aus FAO: FAOSTAT, Datenbankabfrage vom 18.3.2003, http://www.fao.org

Aktuellere Daten: siehe Übungsaufgabe 8

Nahrungsverbrauch in der EU

Entwicklung des pro-Kopf-Nahrungsverbrauchs ausgewählter landwirtschaftlicher Erzeugnisse in der EU-15, 1980-2000

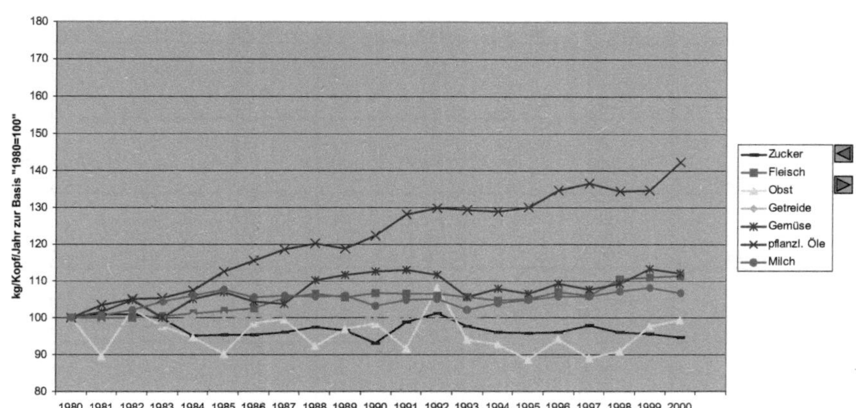

Quelle: Eigene Darstellung mit Daten aus FAO: FAOSTAT, Datenbankabfrage vom 18.3.2003, http://www.fao.org

Aktuellere Daten: siehe Übungsaufgabe 8

Nahrungsverbrauch in den Entwicklungsländern

Entwicklung des pro-Kopf-Nahrungsverbrauchs ausgewählter landwirtschaftlicher Erzeugnisse in den Entwicklungsländern, 1980-2000

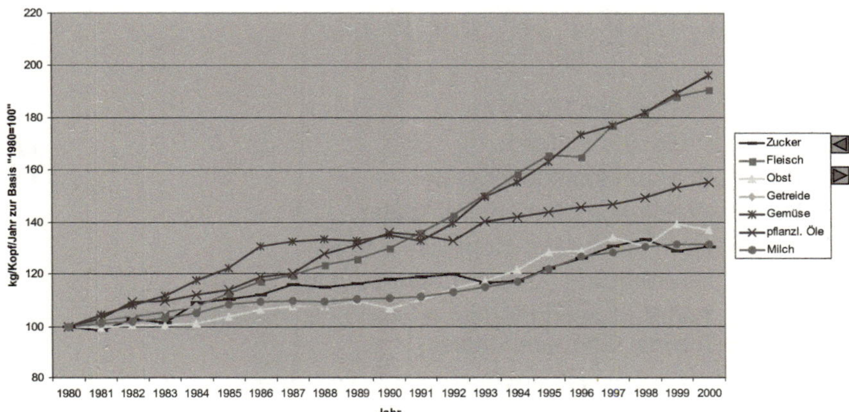

Quelle: Eigene Darstellung mit Daten aus FAO: FAOSTAT, Datenbankabfrage vom 18.3.2003, http://www.fao.org

Aktuellere Daten: siehe Übungsaufgabe 8

© Gerald Weber, HU Berlin

Bestimmungsfaktoren der Nachfrage

- Bevölkerungsentwicklungen (z.B. Wachstum, Altersstruktur)
- Einkommen
- Preise
- Gewohnheiten, Traditionen, Lebensstil
- Gesundheits- und Umweltbewusstsein
- Urbanisierung
- Trends, Influencer
- Kennenlernen anderer Esskulturen (z.B. durch Reisen und Medien)
- Migration
- Sondereinflüsse (z.B. Corona-Pandemie)?

Bestimmungsgründe der Nahrungsmittelnachfrage

$$X_i = X_i^N\!\left(P_i, \mathbf{P}_s, \mathbf{P}_k, Y^k, B, \mathbf{U}\right)$$

X_i:	Menge des Gutes i
P_i:	Preis des Gutes i
$\mathbf{P}_s$:	Preise substitutiver Güter
$\mathbf{P}_k$:	Preise komplementärer Güter
Y^k:	verfügbares Pro-Kopf-Einkommen
B:	Bevölkerung (Umfang, Alterstruktur, ...)
$\mathbf{U}$:	Andere Bestimmungsfaktoren (z.B. Gewohnheiten, Trends, Sondereinflüsse)

Entwicklung der Weltbevölkerung

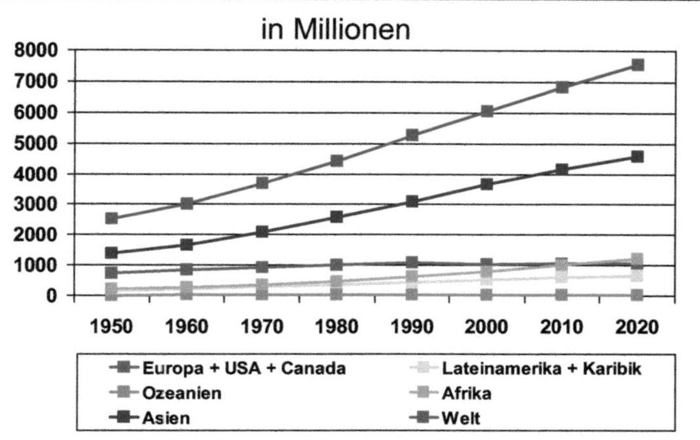

Quelle: Eigene Darstellung mit Daten aus FAO: FAOSTAT, Datenbankabfrage vom 19.2.2002, http://www.fao.org

Aktuellere Daten: siehe Übungsaufgabe 8

Wachstumsraten der Weltbevölkerung

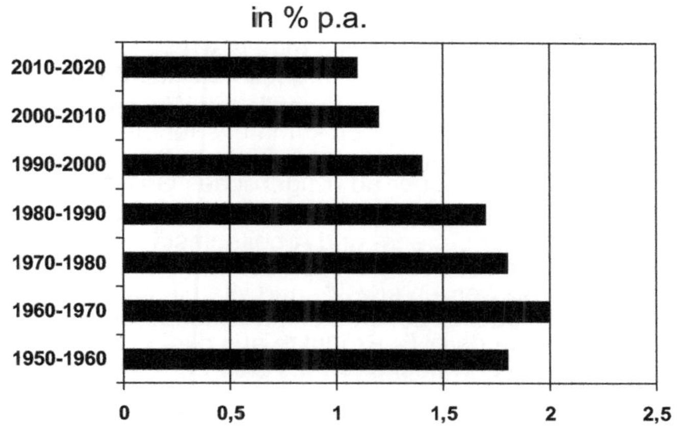

Quelle: Eigene Darstellung mit Daten aus FAO: FAOSTAT, Datenbankabfrage vom 19.2.2002, http://www.fao.org

Aktuellere Daten: siehe Übungsaufgabe 8

Einfluss der Bevölkerungsentwicklung

- In Entwicklungsländern treibende Kraft der Nahrungs-mittelnachfrage
- Lose Beziehungen zwischen Bevölkerungswachstum und Wirtschaftsentwicklung
  - Häufig negative Beziehung Beziehung zwischen Pro-Kopf-Einkommen und Geburtenrate
  - In Ländern mit sehr niedrigem Einkommen meist höheres Bevölkerungswachstum als in Ländern mit sehr hohem Einkommen
- Unterschiede in der Relation „Geburtenrate/Sterberate" zwischen Industrie- und Entwicklungsländern führen zu unterschiedlichen Alterstrukturen und damit auch zu anderen Bedürfnisstrukturen.

Einkommen

- In mittleren Stadien der wirtschaftlichen Entwicklung (z.B. Schwellenländer) ist das Einkommenswachstum tragende Kraft des Wachstums der Nahrungsmittelnachfrage.
- Im weiteren Verlauf des wirtschaftlichen Wachstums nimmt die Bedeutung des Einkommens für die Höhe der quantitativen Nahrungsmittelnachfrage aufgrund der Bedarfssättigung wieder ab (Engel'sches Gesetz).
- In einer Wohlstandsgesellschaft kommt es durch Veränderung der Lebens- und Arbeitsumstände zu einer differenzierteren Nahrungsmittelnachfrage mit qualitativem Wachstum. So werden eiweiß- und vitaminreiche Lebensmittel oder Lebensmittel mit besonderen Qualitätsstandards (z.B. Produkte aus ökologischem Landbau) vermehrt nachgefragt. Außerdem wird meist ein höherer Verarbeitungsgrad nachgefragt (z.B. Fertigprodukte).

Preise

- In anfänglichen Stadien der wirtschaftlichen Entwicklung haben die Preise für Nahrungsmittel meist einen stärkeren Einfluss auf die Nachfragemengen. In Ländern mit einem hohen Anteil an Selbstversorgerwirtschaft wird der Preiseinfluss jedoch abgeschwächt.
- Mit zunehmendem Wohlstand hat das Preisniveau für Nahrungsmittel einen immer geringeren Einfluss auf die Gesamtnachfrage nach Nahrungsmitteln.
- Gleichwohl können auch bei relativ hohem Volkseinkommen Preisänderungen bei einzelnen Agrar- und Ernährungsgütern Substitutionsprozesse im Konsum auslösen. Diese führen jedoch weniger zu einer Veränderung der Gesamtnachfrage nach Nahrungsmitteln sondern vielmehr zu Substitutionen zwischen den einzelnen Ernährungsgütern.

Inhaltsfolie zu Kapitel 4:
Verlauf von Nachfragekurven

- Nachfragekurven
- Giffen-Güter und inferiore Güter
- Substitutions- und Einkommenseffekt eines gewöhnlichen Gutes
- Substitutions- und Einkommenseffekt eines Giffen-Gutes
- Diskussion von Giffen1)-Gütern
- Methodische Hauptströmungen der empirischen Nachfrageanalyse
- Preiselastizität der mengenmäßigen Nachfrage
- Veränderung von Nachfrageelastizitäten im Zeitablauf für Deutschland
- Preiselastizität der wertmäßigen Nachfrage
- Zusammenhang zwischen wert- und mengenmäßiger Nachfrage
- Amoroso-Robinson-Relation
- Einkommens-Nachfragereaktion eines normalen Gutes
- Einkommens-Nachfragereaktion eines inferioren Gutes
- Diskussion inferiorer Güter
- Einkommenselastizität der mengenmäßigen Nachfrage
- Veränderung von Nachfrageelastizitäten im Zeitablauf für Deutschland

Nachfragekurven

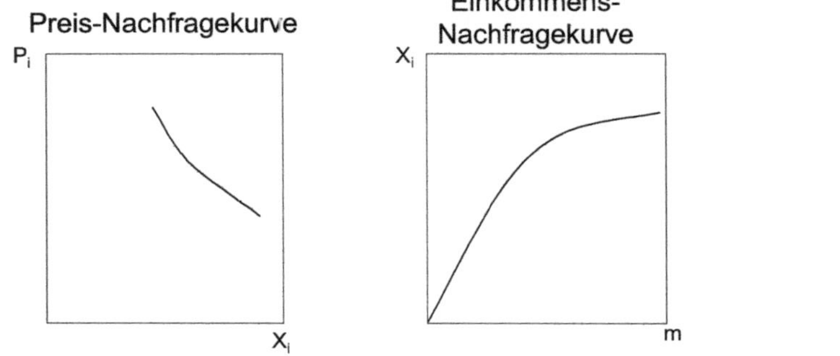

Die Preis-Nachfragefunktion für ein „gewöhnliches Gut" hat einen fallenden Verlauf.

Die Einkommens-Nachfragefunktion (Engelkurve) für ein „normales Gut" hat einen ansteigenden Verlauf.

Giffen-Güter und inferiore Güter

		Preisänderung		Einkommens-änderung	
	Richtung	↑	↓	↑	↓
Nach-frage-mengen-änderung	↓	Gewöhn-liches Gut	Giffen-Gut	Inferiores Gut	Normales Gut
	↑	Giffen-Gut	Gewöhn-liches Gut	Normales Gut	Inferiores Gut

Substitutions- und Einkommenseffekt bei einem gewöhnlichen Gut

$$P_1{'} < P_1 \Rightarrow X_1{'} > X_1 \quad \text{und} \quad X_2{'} < X_2$$

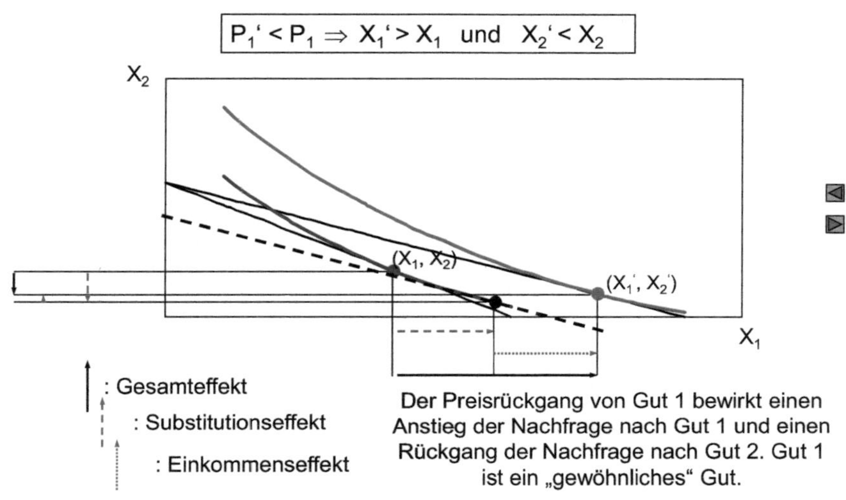

↑ : Gesamteffekt

: Substitutionseffekt

: Einkommenseffekt

Der Preisrückgang von Gut 1 bewirkt einen Anstieg der Nachfrage nach Gut 1 und einen Rückgang der Nachfrage nach Gut 2. Gut 1 ist ein „gewöhnliches" Gut.

Substitutions- und Einkommenseffekt bei einem Giffen-Gut

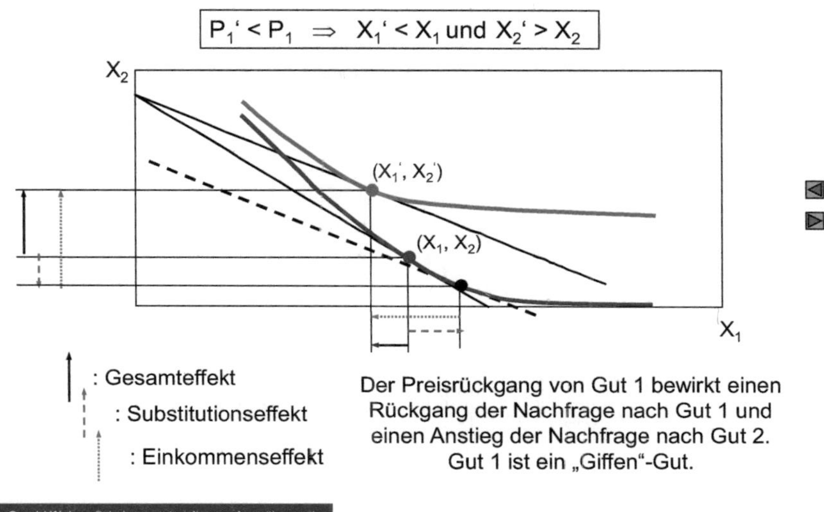

↑ : Gesamteffekt

⋮ : Substitutionseffekt

⋮ : Einkommenseffekt

Der Preisrückgang von Gut 1 bewirkt einen Rückgang der Nachfrage nach Gut 1 und einen Anstieg der Nachfrage nach Gut 2. Gut 1 ist ein „Giffen"-Gut.

Diskussion von Giffen[1]-Gütern

- Beispiel: Rückgang (Anstieg) des Kartoffelverbrauchs und Anstieg (Rückgang) des Fleischverbrauchs bei sinkenden (steigenden) Kartoffelpreisen.

- Bei sehr niedrigen Einkommen kann der Einkommenseffekt einer Preissenkung (eines Preisanstieges) bei Grundnahrungsmitteln in Bezug auf die Nachfrage nach Grundnahrungsmittel negativ (positiv) sein. Der positive (negative) Substitutionseffekt wird durch den negativen (positiven) Einkommenseffekt überkompensiert.

- In Bezug auf die Nachfrage nach höherwertigen Nahrungsmitteln kann der Einkommenseffekt einer Preissenkung (eines Preisanstieges) bei Grundnahrungsmitteln positiv (negativ) sein. Der negative (positive) Substitutionseffekt wird durch den positiven (negativen) Einkommenseffekt überkompensiert. (Anstieg des Fleischverbrauchs bei steigendem Realeinkommen).

1) Giffen: Nationalökonom des 19. Jahrhunderts

Methodische Hauptströmungen
der empirischen Nachfrageanalyse

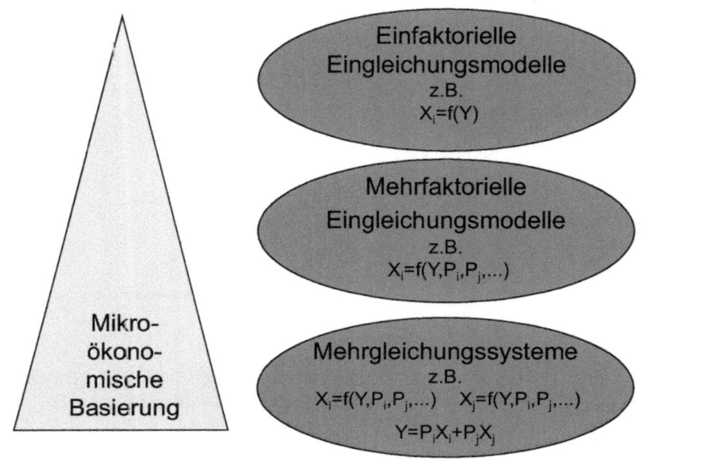

Preiselastizität der mengenmäßigen Nachfrage

Erfasst das Ausmaß der Beziehungen zwischen der nachgefragten Menge (X) und den Preisen (P)

Eigenpreiselastizität der mengenmäßigen Nachfrage:

Quotient aus relativer Mengen-änderung eines Gutes und der sie bewirkenden relativen Änderung seines Preises	$\eta_{X_i,P_i} = \dfrac{dX_i}{X_i} : \dfrac{dP_i}{P_i} = \dfrac{dX_i}{dP_i}\dfrac{P_i}{X_i}$

Kreuzpreiselastizität der mengenmäßigen Nachfrage:

Quotient aus relativer Mengen-änderung eines Gutes und der sie bewirkenden relativen Änderung des Preises eines anderen Gutes	$\eta_{X_i,P_j} = \dfrac{dX_i}{X_i} : \dfrac{dP_j}{P_j} = \dfrac{dX_i}{dP_j}\dfrac{P_j}{X_i}$

Preiselastizität der wertmäßigen Nachfrage

Erfasst das Ausmaß der Beziehungen zwischen den
Ausgaben für ein Gut (A) und den Preisen (P)

Eigenpreiselastizität der wertmäßigen Nachfrage:

Quotient aus relativer Ausgaben-
änderung für ein Gut und der sie
bewirkenden relativen Änderung
seines Preises

$$\eta_{A_i,P_i} = \frac{dA_i}{A_i} : \frac{dP_i}{P_i} = \frac{dA_i}{dP_i} \frac{P_i}{A_i}$$

Kreuzpreiselastizität der wertmäßigen Nachfrage:

Quotient aus relativer Ausgaben-
änderung für ein Gut und der sie
bewirkenden relativen Änderung des
Preises eines anderen Gutes

$$\eta_{A_i,P_j} = \frac{dA_i}{A_i} : \frac{dP_j}{P_j} = \frac{dA_i}{dP_j} \frac{P_j}{A_i}$$

Zusammenhang zwischen wertmäßiger und mengenmäßiger Nachfrage

wertmäßig

$$\eta_{A_i,P_i} = \frac{dA_i}{dP_i} \frac{P_i}{A_i}$$

mengenmäßig

$$\eta_{X_i,P_i} = \frac{dX_i^N}{dP_i} \frac{P_i}{X_i}$$

wegen $A_i = X_i P_i$ folgt

$$\frac{dA_i}{dP_i} \frac{P_i}{A_i} = \left(\frac{dX_i}{dP_i} P_i + \frac{dP_i}{dP_i} X_i \right) \frac{P_i}{X_i P_i} = \frac{dX_i}{dP_i} \frac{P_i}{X_i} + 1$$

oder: $\eta_{A_i,P_i} = \eta_{X_i,P_i} + 1$

$$\boxed{\eta_{X_i,P_i} = -1 \Rightarrow \eta_{A_i,P_i} = 0; \quad \eta_{X_i,P_i} < -1 \Rightarrow \eta_{A_i,P_i} < 0; \quad \eta_{X_i,P_i} > -1 \Rightarrow \eta_{A_i,P_i} > 0}$$

Amoroso-Robinson-Relation

Grenzausgaben:	$GA_i = \dfrac{dA_i}{dX_i}$

$$\eta_{X_i,P_i} = \frac{dX_i}{dP_i}\frac{P_i}{X_i} \Leftrightarrow \frac{dP_i}{dX_i} = \frac{P_i}{X_i\,\eta_{X_i,P_i}}$$

Preiselastizität der Mengennachfrage:

$$GA_i = \frac{dX_i P_i}{dX_i} + \frac{dP_i X_i}{dX_i} = P_i\left(1 + \frac{1}{\eta_{X_i,P_i}}\right)$$

Amoroso-Robinson-Relation:

$$\eta_{X_i,P_i} = -1 \Rightarrow GA_i = 0; \quad \eta_{X_i,P_i} < -1 \Rightarrow GA_i > 0; \quad \eta_{X_i,P_i} > -1 \Rightarrow GA_i < 0$$

Einkommens-Nachfragereaktion bei einem normalen Gut

$$m' < m \Rightarrow X_1' < X_1 \text{ und } X_2' < X_2$$

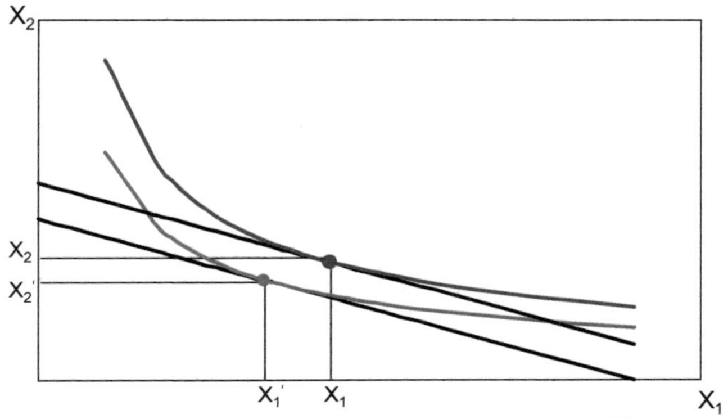

Der Einkommensrückgang bewirkt Absinken der Nachfrage nach beiden Gütern. Beide Güter sind „normale" Güter.

Einkommens-Nachfragereaktion
bei einem inferioren Gut

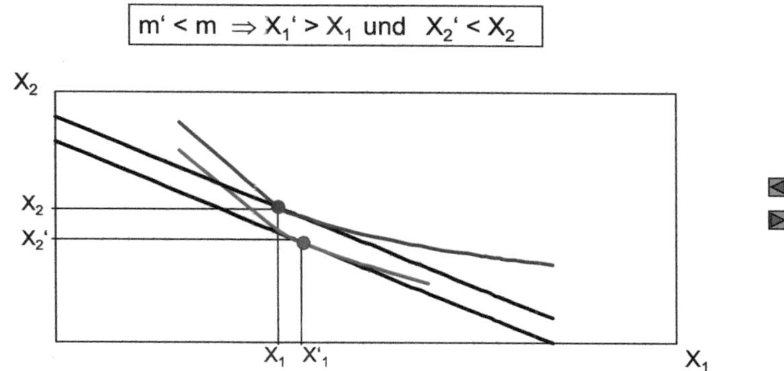

Der Einkommensrückgang bewirkt einen Anstieg der Nachfrage nach Gut 1 und einen Rückgang der Nachfrage nach Gut 2. Gut 1 ist ein „inferiores" Gut und Gut 2 ist ein „normales" Gut.

Diskussion inferiorer Güter

- Beispiel: Bei sinkenden Einkommen Rückgang des Fleischkonsums (normales Gut) und Anstieg des Kartoffelverbrauches (inferiores Gut).

- Positiver (bzw. negativer) Einkommenseffekt bei Kartoffeln und negativer (bzw. positiver) Einkommenseffekt bei Fleisch als Folge von sinkendem (bzw. ansteigendem) Realeinkommen. Man beachte Parallelen zu der Diskussion von Giffen-Gütern.

- Die Nachfrage nach einem Gut kann bei steigendem Einkommen zunächst zunehmen (normal), um dann bei weiter steigendem Einkommen wieder abzunehmen (inferior).

- D.h., ob ein Gut ein inferiores oder normales Gut ist, hängt neben den Produkteigenschaften auch vom Einkommensniveau ab. Somit kann ein und dasselbe Gut abhängig vom Einkommensniveau des betrachteten Konsumenten (des Haushaltes, der Region, des Landes) sowohl normal als auch inferior sein.

Einkommenselastizität
der mengenmäßigen Nachfrage

Erfasst das Ausmaß der Beziehungen zwischen der
nachgefragten Menge (X) und dem Einkommen (Y)

Einkommenselastizität der mengenmäßigen Nachfrage:

Quotient aus relativer Mengen-
änderung eines Gutes und der sie
bewirkenden Einkommensänderung

$$\eta_{X_i,Y} = \frac{dX_i}{X_i} : \frac{dY}{Y} = \frac{dX_i}{dY} \frac{Y}{X_i}$$

Veränderung von Nachfrageelastizitäten
im Zeitablauf für Deutschland

	Eigenpreiselastizitäten		Einkommenselastizitäten	
	1980	1995	1980	1995
Fleisch, Fisch	-0,71	-0,61	0,36	0,16
Milch, Käse, Eier	-0,31	-0,26	0,16	0,11
Fette, Öle	-0,54	-0,07	0,35	-0,33
Obst, Gemüse, Zerealien, Kartoffeln	-1,15	-1,14	0,45	0,52
Genussmittel, Zuckererzeugnisse	-0,37	-0,27	0,31	0,2

Quelle: Wildner (2001), S. 280

Aktuellere Schätzungen: siehe Übungsaufgabe 14

Inhaltsfolie zu Kapitel 5:
Engel'sches Gesetz

- Das „Engel'sche Gesetz"
- Ausgaben für Nahrungs- und Genussmittel
- Erlöse der Landwirtschaft und Verbraucherausgaben
- Moderne Interpretation des Engel'schen Gesetzes

Das „Engel'sche Gesetz"

„Je ärmer eine Familie ist, einen desto größeren Anteil von den Gesamtausgaben muss sie zur Beschaffung der Nahrung aufwenden. Je wohlhabender jemand ist, umso geringer ist der Anteil der Ausgaben für Nahrungsmittel an den Gesamtausgaben."

Ernst Engel:
Die Productions- und Consumptionsverhältnisse des Königreichs Sachsen.
Zeitschrift des Statistischen Bureaus des Königlich Sächsischen
Ministeriums des Innern, Nr. 8 und 9, November 1857, S. 169.

Ausgaben für Nahrungs- und Genussmittel

Anteil am privaten Verbrauch (%)

EU-15		17,4
	Deutschland	13,9
	Niederlande	14,1
	Dänemark	16,3
	Österreich	16,3
	Frankreich	17,9
	Italien	18,1
	Luxemburg	18,2
	Schweden	18,4
	Spanien	18,6
	Finnland	19,1
	Vereinigtes Königreich	19,9
	Griechenland	21,3
	Portugal	27,0
	Irland	30,5
Tschechien		28,7
Polen		38,2
Taiwan		35,4

EU: 1997, alle Haushalte
Tschechien, Polen: 1996, Arbeitnehmerhaushalte
Taiwan: Durchschnitt 1981-91, alle Haushalte

Quellen: Europäische Kommission (2000); Brosig, S. (1999); IFPRI (1996)

Anteil der Ausgaben für Nahrungs- und Genussmittel an den Ausgaben für den privaten Verbrauch in Deutschland (in %)

	1965	1985	1995
Haushaltstyp 1			
Alte Länder	50	33	21
Neue Länder			20
Haushaltstyp 2			
Alte Länder	40	26	18
Neue Länder			21
Haushaltstyp 3			
Alte Länder	29	21	15
Neue Länder			18

Haushaltstyp 1: 2-Personen-Rentnerhaushalt
Haushaltstyp 2: 4-Personen-Haushalt von Angestellten und Arbeitern mit mittlerem Einkommen
Haushaltstyp 3: 4-Personen-Haushalt von Beamten und Angestellten mit höherem Einkommen

Quellen: E. Wöhlken (1991) und eigene Berechnungen mit Daten aus Bundesministerium für
Ernährung, Landwirtschaft und Forsten (1997)

Aktuellere Daten: siehe Übungsaufgabe 16

Erlöse der Landwirtschaft und Verbraucherausgaben

Anteil der Verkaufserlöse der deutschen Landwirtschaft an den
Verbraucherausgaben für Nahrungsmittel inländischer Herkunft (%)

	1970/71	1985/86	1995/96	2000/01
Pflanzliche Erzeugnisse	33	19	11	10
Tierische Erzeugnisse	52	48	36	34
Alle landwirtschaflichen Erzeugnisse	49	42	29	28

Quellen: E. Wöhlken (1991) und Bundesministerium für Verbraucherschutz, Ernährung und
Landwirtschaft, Agrarberichte der Bundesregierung, versch. Jahrgänge

Moderne Interpretation des Engel'schen Gesetzes

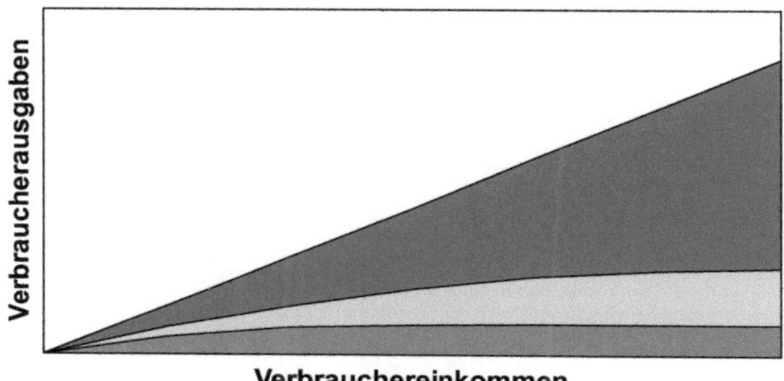

Übungsaufgaben I

---

1. In der Ausgangssituation sei die Budgetgerade des Konsumenten gegeben durch $m = p_1 x_1 + p_2 x_2$, wobei m: Einkommen, p_1: Produktpreis von Gut1, p_2: Produktpreis von Gut 2, x_1: Nachfragemenge von Gut 1 und x_2: Nachfragemenge von Gut 2.

    a) Stellen Sie die Budgetgerade grafisch in einem Koordinatensystem dar.

    b) Der Preis von Gut 1 verdreifache und der Preis von Gut 2 verfünffache sich. Gleichzeitig verdoppele sich das Einkommen. Beschreiben Sie die neue Budgetgerade mit Hilfe der Preise und des Einkommens der Ausgangssituation.

    c) Das Einkommen und die Preise beider Güter verzehnfachen sich. Verändert sich damit auch die Budgetgerade? Begründen Sie Ihr Ergebnis!

    d) Was passiert mit der unter a) dargestellten Budgetgeraden, wenn der Preis von Gut 2 ansteigt, der Preis von Gut 1 und das Einkommen sich hingegen nicht verändern? Zeichnen Sie die neue Budgetgerade in das Koordinatensystem ein und erläutern Sie daran das Ergebnis.

2. Was bedeutet Transitivität der Konsumentenpräferenzen?

3. Veranschaulichen Sie das Konzept einer Indifferenzkurve anhand einer grafischen Darstellung für den Zwei-Güter-Fall. Verwenden Sie dabei auch Begriffe, mit denen die Präferenzordnung eines Konsumenten beschrieben werden kann.

4. Erklären Sie, warum die Grenzrate der Substitution zwischen zwei Gütern für ein Wirtschaftssubjekt gleich dem Preisverhältnis der Güter sein muss, damit das Wirtschaftssubjekt maximale Befriedigung erreicht.

5. Zeigen Sie anhand des Zwei-Güter-Falles, wie der Konsument bei gegebenem Einkommen (m), Preisen (p_1, p_2) und Präferenzen das optimale Konsumgüterbündel (x_1, x_2) bestimmen kann.

    a) Fertigen Sie hierzu eine grafische Darstellung an und erläutern sie diese. Geben Sie dabei auch das Optimalitätskriterium an und erklären Sie, was unter der Grenzrate der Substitution (GRS) zu verstehen ist?

    b) Der Preis von Gut 2 sinke gegenüber der in a) dargestellten Ausgangssituation. Wie verändert sich das optimale Konsumgüterbündel? Ziehen daraus Schlüsse für den Verlauf der Preis-Nachfragekurve!

    c) Das Einkommen sinke gegenüber der in a) dargestellten Ausgangssituation Wie verändert sich das optimale Konsumgüterbündel? Ziehen Sie daraus Schlüsse für den Verlauf der Einkommens-Nachfragekurve (Engelkurve)!

6. Diskutieren Sie, ob und warum die Konsumenten wahrscheinlich schlechter gestellt werden, wenn ein von ihnen konsumiertes Gut rationiert wird.

7. Nehmen Sie an, dass Verbraucher X Butter und Margarine als gegeneinander vollkommen substituierbar ansieht.

    a) Zeichen Sie eine Schar von Indifferenzkurven, die die Präferenzen von Verbraucher X zwischen Butter und Margarine beschreiben.

    b) Wenn die Butter 8,40 €/kg und die Margarine 4,00 €/kg kostet und Verbraucher X ein Budget von jährlich 160 € für Butter und Margarine ausgeben will, welchen Warenkorb aus Butter und Margarine wird Verbraucher X wählen? Stellen Sie das Ergebnis graphisch dar.

8. a) Geben Sie einen Überblick über die Bestimmungsfaktoren der Agrargütemachfrage und diskutieren Sie deren Wirkungsweise. b) Aktualisieren Sie die Tabellen und Schaubilder zum Verbrauch und dessen Bestimmungsgründe auf den Seiten 24, 25, 26, 27, 30, 31, 53 und 54. c) Gibt es hierbei für die ersten beiden Jahrzehnte des 21. Jahrhunderts wesentliche Veränderungen gegenüber den letzten beiden Jahrzehnten des 20. Jahrhunderts?

9. Was versteht man unter Giffen-Gütern und was sind inferiore Güter? Diskutieren Sie deren Vorkommen anhand von Beispielen.

Übungsaufgaben II

---

10. Die Nachfrage für ein Agrargut in einem Land sei gegeben durch folgende Funktion:

$X = 2 \cdot P^{-0,1} \cdot Y^{0,4} \cdot B$ mit

X: Nachfragemenge des Agrargutes   P: Preis des Agrargutes

Y: Pro-Kopf-Einkommen   B: Bevölkerungszahl.

a) Wie hoch sind die Eigenpreiselastizität und die Einkommenselastizität der mengenmäßigen Nachfrage?

b) Der Preis steige um 4% an, die Pro-Kopf-Einkommen erhöhen sich um 2,5% und die Bevölkerung nehme um 1% ab. Wie hoch ist die prozentuale Veränderung der Mengennachfrage?

11. Der Wirtschaftsverband der Zuckererzeuger untersucht die ökonomischen Auswirkungen der Einführung einer effizienteren Herstellungstechnologie. Von der neuen Technologie wird eine Reduzierung der Stückkosten (Kosten je Tonne Zucker) um 10% erwartet. Die Kostensenkung soll teilweise an die Verbraucher weitergegeben werden, wodurch es zu einem Absinken der Verbraucherpreise um 5% kommen soll. Es interessieren unter anderem die Auswirkungen auf die mengenmäßige Nachfrage und die Verbraucherausgaben für Zucker.

In der Ausgangssituation werden X = 3.000.000 t Zucker verbraucht zu einem Preis von P = 790 Euro/t. Eine in Auftrag gegebene ökonometrische Studie hat ergeben, dass die Eigenpreiselastizität der mengenmäßigen Nachfrage $\eta X,P = -0,15$ beträgt.

Berechnen Sie; um wie viel Mengeneinheiten sich der Zuckerverbrauch voraussichtlich verändert. Beantworten Sie auch die Frage, ob die Verbraucherausgaben für Zucker ansteigen oder sinken werden und wie hoch die Eigenpreiselastizität der wertmäßigen Nachfrage ist.

12. Die Eigenpreiselastizität der mengenmäßigen Nachfrage nach Schnittrosen betrage $\eta X,P = -2$. Welches sind die Auswirkungen einer Erhöhung des Marktangebotes für Schnittrosen auf die Verbraucherausgaben für Schnittrosen? Begründen Sie Ihre Aussage (Amoroso-Robinson-Relation)!

13. Die Eigenpreiselastizität der mengenmäßigen Nachfrage für Schnittrosen betrage $\eta X,P = -3$. Das Marktangebot sinke um 40%, da zwei Hauptlieferländer aus unterschiedlichen Gründen Lieferschwierigkeiten haben. Untersuchen Sie die Auswirkungen auf Preise und Verbraucherausgaben. Gehen Sie anhand folgender Einzelfragen vor:

a) Wird der Gleichgewichtspreis auf dem Markt für Schnittrosen als Folge des sinkenden Marktangebotes ansteigen oder fallen? Und um welchen Prozentsatz?

b) Was versteht man unter „Grenzausgaben" und welches Vorzeichen haben diese in dem obigen Beispiel?

c) Werden die Verbraucherausgaben für Schnittrosen ansteigen oder sinken? Begründen Sie ihre Aussage!

14. Führen Sie ein Literaturrecherche durch. Gibt es neuere Schätzungen zu den Preis und Einkommenelastizitäten der Nachfrage nach Agrar- und Ernährungsgütern? Unterscheiden sich die Werte deutlich von denen in der Tabelle auf Seite 50? Wenn ja, woran könnte das liegen?.

15. Was versteht man unter einer „Engel-Kurve" und was besagt das „Engel'sche Gesetz"? Diskutieren Sie, inwieweit das Engel'sche Gesetz auch heute noch Gültigkeit besitzt.

16. Führen Sie eine Datenrecherche durch, um den Anteil der Ausgaben für Nahrungsmittel am privaten Verbrauch zu ermitteln. Schauen Sie sich dazu die Webseiten der amtlichen Statistik Ihres Landes oder von internationalen Institutionen an, zum Beispiel von Statistik Austria, Statistisches Bundesamt (DESTATIS - Deutschland), Bundesamt für Statistik (Schweiz), Institut national de la statistique et des études économiques (Frankreich), National Bureau of Statistics of China, Europäische Kommission – Eurostat, Food and Agriculture Organization of the United Nations (FAO). Finden sie heraus, ob und wie sich geeignete Daten herunterladen lassen. Stellen Sie eine Tabelle zusammen, die für den Zeitraum von ca. 2000 bis heute den Anteil der Nahrungsmittelausgaben am privaten Verbrauch zeigt. Vielleicht finden sie auch geeignete Informationen auf den Webseiten von Fachministerien, Fachinformationsdiensten und ähnlichen Dienstleistern. Diskutieren Sie die Frage 15 noch einmal vor dem Hintergrund Ihrer neuen Rechercheergebnisse.

Literaturhinweise

- Brosig, S. (1999) : Die private Nachfrage nach Nahrungsmitteln im Transformationsprozeß Tschechiens und Polens. Dissertation, Göttingen

- Henrichsmeyer, W.; Witzke, H.P. (1991): Agrarpolitik. Bd. 1: Agrarökonomische Grundlagen. UTB-Taschenbuch 1651, Kapitel III, Abschnitt 4

- Henze, A. (1994): Marktforschung - Grundlage für Marketing und Marktpolitik. (UTB 1792) Stuttgart-Hohenheim, Kapitel 6.3.1-6 3.4

- Kearney, J. (2010): Food consumption trends and drivers, Philosophical Transactions of the Royal Society, Vol. 365, 2793-2807

- Regmi, A.; Seal Jr., J.L. (2010): Cross Price Elasticities of Demand Across 114 Countries, United States Department of Agriculture, Economic Research Service, Technical Bulletin Number 1925

- Schröck, R. (2013): Qualitäts- und Endogenitätsaspekte in Nachfragesystemen: Eine vergleichende Schätzung von Preis- und Ausgabenelastizitäten der Nachfrage nach ökologischem und konventionellem Gemüse in Deutschland. In: German Journal of Agricultural Economics, Number 1, 18-38

- Wildner, S. (2001): Quantifizierung der Preis- und Ausgabenelastizitäten für Nahrungsmittel in Deutschland: Schätzung eines LA/AIDS. Agrarwirtschaft 50 (2001, Heft 5, S. 275-286)

- Wöhlken, E. (1991): Einführung in die landwirtschaftliche Marktlehre, UTB-Taschenbuch 793, Kapitel 2

BEI GRIN MACHT SICH IHR WISSEN BEZAHLT

- Wir veröffentlichen Ihre Hausarbeit, Bachelor- und Masterarbeit

- Ihr eigenes eBook und Buch - weltweit in allen wichtigen Shops

- Verdienen Sie an jedem Verkauf

Jetzt bei www.GRIN.com hochladen und kostenlos publizieren